RECHERCHES

SUR

LA PRODUCTION DE LA SOIE

en France.

PARIS. — IMPRIM. DE Mme Ve BOUCHARD-HUZARD, RUE DE L'ÉPERON, 7.

RECHERCHES

SUR

LA PRODUCTION DE LA SOIE

en France;

PAR ROBINET,

PROFESSEUR DU COURS SUR L'INDUSTRIE DE LA SOIE,
MEMBRE DE LA SOCIÉTÉ ROYALE ET CENTRALE D'AGRICULTURE,
DE L'ACADÉMIE ROYALE DE MÉDECINE, ETC.

PARIS,
CHEZ MM. MILLET ET ROBINET,
RUE JACOB, 48.

1843 — 1846

TABLE.

Premier Mémoire.

PRODUCTION DE LA MATIÈRE PREMIÈRE.

Deuxième Mémoire.

DES PROPRIÉTÉS GÉNÉRALES DE LA SOIE.

Troisième Mémoire.

DES RACES.

CHAPITRE VI.

Quatrième Mémoire.

DES INFLUENCES QUI PEUVENT AUGMENTER OU DIMINUER LA QUALITÉ DE LA SOIE.

Les trois premiers mémoires sont en vente.

Le quatrième est sous presse ; il sera distribué séparément aux personnes qui auront acquis les trois premiers.

FIN DE LA TABLE.

SOCIÉTÉ ROYALE ET CENTRALE D'AGRICULTURE.

RECHERCHES

SUR

LA PRODUCTION DE LA SOIE EN FRANCE,

PAR ROBINET,

professeur du cours sur l'industrie de la soie.

Premier mémoire.

PRODUCTION DE LA MATIÈRE PREMIÈRE.

§ Ier.

INTRODUCTION.

Après avoir conquis la soie sur l'Orient et sur l'Italie, la France avait joui pendant plusieurs siècles de la possession presque exclusive des industries qui fabriquent avec ce fil merveilleux les riches étoffes inventées par le génie national; mais peu à peu des peuples rivaux sont venus nous enlever d'importantes parties de la splendide industrie lyonnaise : une concurrence redoutable s'est organisée contre nous, elle s'étend bien au delà de la Suisse et de l'Angleterre; elle est implantée en Allemagne, en Russie; elle naît dans l'Orient, en Amérique, en Asie.

Nous laisserons-nous dépouiller sans résistance: nous abandonnerons-nous nous-mêmes?

Les avantages donnés à la France dans son sol et son climat, dans le génie de ses enfants, dans ses précédents, ceux qu'elle trouve dans la possession, sont assez grands pour ne laisser aucun doute sur le succès, pourvu que des progrès incessants nous maintiennent à la tête du bel art qu'on nous envie.

En effet, qu'on y prenne garde : lorsqu'une industrie se transporte d'un pays à un autre, elle y passe, pour ainsi dire, armée de toutes pièces. Ce n'est pas avec les imperfections et tâtonnements qui ont signalé son origine qu'elle va se fixer sur un autre sol; c'est avec ses perfectionnements les plus récents, ses machines les plus parfaites, ses contre-maîtres les plus habiles. Sans doute il reste de grands sacrifices à faire pour former des ouvriers et rassembler une population spéciale; mais, aussi, point de routine à combattre, point de préjugés à déraciner; et ne savons-nous pas que les obstacles résultant de ces circonstances sont mille fois plus redoutables que l'ignorance complète des populations qu'on façonne du moins à son gré dans les pays neufs?

Il reste donc à la France une ressource; une ressource immense, inépuisable : c'est le progrès

Le progrès doit porter sur deux choses distinctes : la matière première et la fabrication.

Un grand nombre d'hommes, animés par l'amour du pays, passionnés pour l'art et pour la science, font depuis quelques années d'heureux efforts pour soutenir cette lutte honorable. Les uns portent toute leur attention sur la partie agricole, les autres sur la partie technique. C'est pour prendre part à ce grand mouvement que nous nous efforçons d'éclairer chaque année quelqu'une des nombreuses questions qu'il faut encore résoudre.

Dans un premier mémoire sur la filature de la soie, publié en 1839, nous en avions posé plusieurs, et peut-être résolu quelques-unes; mais il restait beaucoup à faire. La grandeur de la tâche, les sacrifices considérables qu'elle exigeait, le temps qu'il fallait y consacrer, rien n'a pu nous décourager.

Nous avons travaillé, rassemblé des documents et des matériaux, imaginé des moyens d'investigation, fait des voyages, excité le zèle de tous les hommes de progrès, et nous sommes parvenu, après quatre ans de recherches, à quelques résultats qui nous paraissent intéressants ; l'objet de ce mémoire, et de plusieurs autres qui lui succéderont, est de les faire connaître.

Pour exposer avec clarté le but que nous nous sommes proposé, nous l'avons résumé dans quelques questions qui recevront de nombreux développements, mais qui, présentées d'abord dans leur sens le plus général, donneront une idée précise du travail.

§ II.

QUESTION.

J'ai dit que le progrès devait s'attacher à la matière première et à la fabrication. Je considère comme matière première la soie extraite du cocon à l'état de soie grége, et avant toute autre préparation. J'ai pris ce point de départ, parce que, longtemps encore, un grand nombre de producteurs seront obligés de filer eux-mêmes leurs cocons. La soie étant arrivée à cet état, je l'abandonne ; elle est livrée à la fabrication. Je m'occuperai donc seulement de cette partie de la question, *de la matière première.*

La France ne produit à peu près que les deux tiers de la soie que réclament ses fabriques de tissus. Doit-elle s'efforcer de combler cette lacune, ou trouvera-t-elle plus d'avantages à tirer annuellement des pays étrangers pour 60 à 80 millions de matière première ?

Cette question revient à celle-ci : la France ayant à lutter contre la fabrication étrangère a besoin d'obtenir la matière première au plus bas prix possible. Peut-elle produire au même prix que les pays les plus favorisés ? Si la France le peut, elle doit le faire. Si elle ne le peut pas, elle doit renoncer sur-le-champ à cette entreprise, qui ruinerait infailliblement, soit les producteurs incapables de soutenir la concurrence, soit la fabrication, forcée, par des droits protecteurs accordés à l'agriculture, de payer la soie un prix plus élevé que celui auquel l'obtiendraient les fabriques étrangères.

La question générale se trouve donc réduite à ces termes simples : la France peut-elle produire la soie avec avantage, en concurrence avec le Piémont, l'Italie, l'Espagne, l'Orient, l'Asie ?

Pour le présent, la question semble résolue. Aucune des contrées que je viens de citer ne peut lutter avec nous, et le premier prix courant qui tombe sous la main en est une démonstration suffisante, à moins de supposer que les fabricants français payent les soies françaises un prix exorbitant par pur patriotisme.

Si cet écrit ne devait être lu que par des commerçants familiarisés avec ces détails, je ne dirais rien des prix comparés des soies françaises et étrangères; mais, comme il tombera sans doute dans beaucoup d'autres mains que les leurs, je dois présenter ici quelques notions à ce sujet.

Je prends pour base les soies gréges moyennes, c'est-à-dire, celles dont la consommation est la plus considérable.

Je donne les prix de décembre 1841, sur les marchés français.

Europe.

Gard	76 fr. le kilogramme.
Milan	66
Naples	64
Espagne	57

Levant.

Perse	40 fr. le kilogramme.
Mestoup	40
Castravan	36
Baffa	36
Salonique	34
Brousse	32
Barrutine	28
Calamate	20
Archipel	20
Géorgie	12

Le Piémont ne figure pas dans ce tableau, parce qu'il ne nous fournit, en général, que des soies moulinées.

Les prix indiqués dans ce tableau sont sujets à de nombreuses et importantes variations; mais il en résulte toujours ce fait capital, savoir : que la France produit des soies qui ont une valeur très-supérieure à celle des soies de tous les autres pays de production.

Je sais bien que les soies dont il est question ici diffèrent énormément entre elles par leurs qualités, et que ce sont les différentes qualités qui établissent les différences de prix. On pourrait en conclure que, si les étrangers parvenaient à obtenir des soies aussi bien préparées que les nôtres, ils auraient sans doute l'avantage sur nous, en raison du bas prix de leur main-d'œuvre : mais ce résultat se fera longtemps attendre encore; les progrès ne se font pas plus vite en Italie et en Orient que dans le Gard et dans la Drôme, et, si la France fait aussi chez elle des efforts heureux, des siècles s'écouleront peut-être avant que l'équilibre soit établi.

Pourtant, c'est ici que la lutte existera bientôt. Les filatures étrangères, qui obtiennent les cocons à des conditions plus avantageuses que les nôtres, perfectionneront aussi leurs procédés, et nous devons craindre qu'elles n'arrivent à donner pour un prix inférieur des soies d'une qualité égale à celle des soies françaises.

Il s'agit donc de rechercher sur quelle partie de la production il pourra se faire des réductions suffisantes pour soutenir la concurrence. Nous examinerons successivement la position actuelle des filateurs, des éducateurs et des propriétaires, dans le midi et dans le centre de la France.

§ III.

DU FILATEUR.

Le prix des cocons est évidemment la base des opérations auxquelles se livre le filateur : les moindres changements dans leur cours influent considérablement sur ses résultats. Il est d'ailleu évident qu'il sera infiniment plus facile d'obten de l'uniformité dans les frais généraux et purement industriels des filatures que dans le prix des cocons, affectés par mille circonstances locales et accidentelles. Commençons donc par déterminer le prix courant des cocons.

§ IV.

PRIX DES COCONS.

Les documents publiés sur la valeur des cocon ont été puisés, en général, dans des mercuriale administratives qui laissent beaucoup à désirer· l'avantage qu'elles présentent, d'embrasser plusieurs départements ou plusieurs localités, ne compense pas le défaut de leur inexactitude.

Il m'a paru préférable d'asseoir mon raisonnement sur des données positives, recueillies, à la vérité, dans un seul lieu, mais ne laissant subsister aucun doute sur le prix auquel les cocons ont été payés pendant vingt ans.

J'ai pris ces renseignements sur les livres mêmes d'un vaste établissement de filature.

PRIX *moyens des cocons dans les Cévennes, depuis* **1823.**

ANNÉES.	Le kilogram.		ANNÉES.	Le kilogram.	
	fr.	c.		fr.	c.
1823	3	55	1833	3	97
1824	3	67	1834	5	72
1825	4	45	1835	4	»
1826	4	09	1836	5	06
1827	3	55	1837	4	33
1828	3	85	1838	5	48
1829	3	67	1839	4	27
1830	3	91	1840	4	45
1831	2	95	1841	3	86
1832	2	83	1842	4	27

Ainsi donc, de 1823 à 1842, le prix moyen des cocons a été de 4 f. 9 cent. et demi le kilog. dans les Cévennes.

Si j'avais choisi une autre localité, j'aurais pu trouver une différence en plus ou en moins; mais cette différence, fondée sur la qualité des cocons, ne changerait rien au résultat que je cherche, puisque tous les éléments de la question auraient suivi la même progression en plus ou en moins.

Recherchons maintenant si le filateur qui a payé les cocons aux prix que je viens de déterminer a fait des bénéfices qui puissent supporter une réduction.

§ V.

FRAIS DE FILATURE.

J'ai été assez heureux pour obtenir le prix de revient des soies dans le même établissement qui m'avait fourni les prix des cocons. Ce document précieux me dispense d'entrer dans une foule de détails qui pourraient laisser des doutes dans l'esprit du lecteur; un *résultat pratique*, dégagé de toute appréciation théorique, nous permettra de porter un jugement certain sur la question qui nous occupe.

Le tableau suivant présente le prix de revient des soies pour une période de dix années dans une filature de premier ordre.

Le prix des cocons, dans les mêmes années, étant connu, ainsi que la quantité qui a été employée pour obtenir 1 kilog. de soie, il a été facile de calculer ce qui est resté pour tous les frais quelconques de fabrication, y compris les intérêts des capitaux, la location des ateliers, leur entretien et celui des machines, la surveillance, le chauffage, l'eau, la force motrice, etc.

On verra du premier coup d'œil que l'établissement dans lequel j'ai puisé ces documents ne fait que des soies de premier ordre, c'est-à-dire du prix le plus élevé.

TABLEAU *du prix de revient des soies.*

ANNÉES.	PRIX du kilogram. de cocons.		QUANTITÉ de cocons par kilogr. de soie.		PRIX de revient du kilogr. de soie.		DÉPENSE par kilogr. de soie.	
	fr.	c.	kil.	gr.	fr.	c.	fr.	c.
1832	2	85	12	085	43	74	9	46
1833	4	»	12	095	57	05	8	75
1834	5	75	11	825	76	34	8	84
1835	4	»	13	055	67	40	15	21
1836	5	08	12	810	78	83	13	76
1837	4	35	12	375	65	21	11	36
1838	5	50	12	574	86	66	17	52
1839	4	30	12	325	67	38	14	38
1840	4	48	12	185	67	05	13	41
1841	3	90	12	372	61	31	13	04
Moyennes.	4	42	12	370	67	14	12	57

Ce tableau fait voir que, dans une période de dix ans, les cocons ont été payés, en moyenne, 4 fr. 42 c. le kilog.; on en a employé 12 kilog. 370 gr. pour un kilog. de soie grége. Tous frais compris, cette soie a coûté 67 fr. 14 c. le kilog., et, comme les cocons sont entrés pour 54 fr. 57 c. dans cette dépense, les autres frais se sont élevés à 12 fr. 75 c. par kilog.

Il est facile de comprendre que le filateur s'est trouvé en perte dans certaines années; que plusieurs fois aussi il n'a eu aucun bénéfice : mais, pour apprécier les profits qu'il a pu faire dans la période adoptée, il est nécessaire de recourir aux prix de vente des soies de la même qualité dans les mêmes années.

J'ai pu recueillir ces prix chez un fabricant très-distingué, qui s'est trouvé en relations suivies d'affaires précisément avec la filature qui m'avait fourni les premiers documents.

PRIX *moyen des grèges blanches à Paris* (1).

	1832.	1833.	1834.	1835.	1836.	1837.	1838.	1839.	1840.	1841.
Grèges blanches, 4/5 cocons.............	58	70	74	76	94	81	87	77	72	71
Idem, 5/6 cocons.............	56	68	72	74	92	79	85	75	70	70
Idem, qualités courantes.......	52	65	70	74	86	75	82	73	67	67

(1) Ces prix sont établis, valeur comptant, sans escompte, au kilogramme.

Il résulte de ce tableau que le prix moyen des

soies gréges blanches a été, dans les dix dernières années, de 71 fr. 60 c.

Il faudrait réduire ce prix de 1 fr. environ pour avoir la moyenne des mêmes qualités en soies jaunes; mais en négligeant cette différence, qui disparaît d'ailleurs souvent, nous voyons que les soies qui ont coûté, en moyenne, 67 fr. 14 c. le kilog. ont été vendues, dans les mêmes années, 71 fr. 60 c. Le filateur a donc fait un bénéfice de 4 fr. 46 c. par kilog., soit de 6 et demi p. 100.

Si son capital était de 100,000 fr., il aurait gagné 6,500 fr.; est-ce trop pour payer l'industrie et le travail d'un habile fabricant et le couvrir des chances nombreuses qu'il court?

Non certainement, et nous pouvons conclure de ces données que les filateurs ne pourront pas supporter, dans l'état actuel des choses, une réduction assez importante pour exercer sur le prix des soies une influence notable et en rapport avec les exigences de la concurrence étrangère (1).

---

(1) Si j'avais eu à ma disposition les comptes d'un établissement de filature de second ou de troisième ordre, c'est-à-dire produisant des soies de deuxième ou de troisième qualité, j'aurais certainement trouvé des résultats moins avantageux encore. Il m'a donc paru indifférent d'asseoir mes calculs sur les soies d'une valeur moyenne de 71 fr. ou sur celles d'une valeur moyenne de 60 fr.

§ VI.

DE LA PRODUCTION DE LA SOIE

dans le midi de la France.

Éducateurs.

Je viens de démontrer que, dans l'état actuel des choses, nous ne pouvons pas espérer de trouver sur la filature une réduction de quelque importance pour le prix des soies gréges : le prix des cocons est trop élevé.

Il s'agit donc d'examiner maintenant si les producteurs de cocons font des bénéfices qui permettent la réduction que nous cherchons. Pour résoudre cette question nous devons étudier successivement la position des diverses classes d'éducateurs :

1° Les éducateurs qui achètent la feuille;

2° Les éducateurs à partage de fruits;

3° Les grands éducateurs.

La condition des éducateurs est subordonnée au prix de la feuille. La feuille ne se vend pas partout le même prix; mais, comme la valeur est toujours relative à celle des cocons produits dans la localité, il s'ensuit que nous pourrions nous contenter d'étudier la question dans une seule. Voyons, cependant, quel est, en général, le prix de la feuille du mûrier.

§ VII.

DU PRIX DE LA FEUILLE DE MURIER.

En général, dans le midi de la France, on ne pèse pas la feuille qu'on achète; on estime le produit probable des arbres, et on le paye à tant le quintal. L'acheteur, s'il récolte la feuille avant son entier développement, supporte le déficit qui en résulte sur la récolte estimée.

J'ai fait voir, dans mon ouvrage sur la muscardine, que cette réduction était de 25 p. 100 environ; il faudra donc augmenter d'autant le prix de la feuille réellement obtenue.

Voici les renseignements que j'ai réunis sur le prix de la feuille *estimée;* les 100 kilog. :

Gard................................	12 fr.
Ardèche	9
Aveyron.............................	9
Drôme	9
Hérault.............................	8
Isère...............................	8
Vaucluse............................	7
Haute-Garonne.......................	4

On remarque deux extrêmes dans ce tableau. Dans la Haute-Garonne, les éducateurs sont encore en trop petit nombre pour que la feuille ait acquis sa valeur réelle; on peut l'avoir encore au bas prix de 4 fr. les 100 kilog.

Les huit départements producteurs réels nous donnent une moyenne de 9 fr.; mais, pour avoir le prix véritable de la feuille récoltée, il faut ajouter 33 p. 100, car celui qui paye 100 kilog. de feuille n'en récolte effectivement que 75 kilog.

La valeur moyenne de la feuille se trouve donc établie à 12 fr. les 100 kilog.

§ VIII.

ÉDUCATIONS

avec la feuille achetée.

Examinons maintenant la position du magnanier qui élève avec sa famille une petite quantité de vers à soie, dans sa chaumière et ses insuffisantes dépendances, avec de la feuille achetée : c'est la condition dela grande majorité des producteurs.

J'ai pris une multitude de renseignements sur les frais qu'entraînent les éducations de ce genre dans plusieurs départements du Midi.

Dans les Cévennes, un éducateur qui fait éclore 50 grammes d'œufs, soit 2 onces du pays, fait les dépenses suivantes :

Frais d'une éducation.

28 quintaux de feuille estimée à 5 fr.......	140 fr.	» c
Cueillette de la feuille....................	10	80
OEufs...............................	8	»
Location des planches..................	6	»
Rameaux.............................	3	»
Personnel.............................	15	»
Chauffage (payé par la litière)..........	»	»
	182	80

Observations.

Les 28 quintaux de feuille estimée ne donnent que 21 quintaux de feuille réelle. Les 21 quintaux du pays, poids de Montpellier, équivalent à 872 kil.; c'est une consommation de 540 kilog. de feuille par once d'œufs de 31 grammes; consommation tout à fait insuffisante et qui explique les produits médiocres dont il va être question.

La cueillette de la feuille coûte 1 fr. 25 c. les 100 kilog.; c'est un prix très-bas.

La somme de 3 fr., portée pour les rameaux, paraîtrait beaucoup trop faible si on ne remarquait pas que la plus grande partie de la bruyère est réservée pour l'année suivante : la dépense de 3 fr. s'applique à l'entretien seulement des rameaux.

Les 15 fr. de personnel résultent de la nécessité où se trouve le magnanier de se faire aider par des étrangers pendant les dix derniers jours de son éducation.

Produits.

L'éducateur cévenol obtient en moyenne 62 kil. de cocons, qu'il vend 4 fr. le kilog., soit 248 fr.; les bénéfices s'élèvent donc à la somme de 66 fr., qui paye, à raison de 2 fr. 20 c., les trente journées qu'il a consacrées à l'éducation.

Si nous admettons à 4 fr. 42 c. le prix moyen des cocons, qui a été trouvé plus haut pour les vingt dernières années, le prix des journées se trouverait porté à 3 fr.; mais, quand le producteur vend ses cocons plus de 4 fr. le kilog., il est rare qu'il n'y ait pas compensation dans le prix de la feuille.

On voit que l'éducateur a obtenu 38 kilog. et demi de cocons par once d'œufs de 31 grammes.

Il a employé environ 14 kilog. de feuille réelle pour obtenir 1 kilog. de cocons.

Les cocons lui reviennent à 3 fr. le kilog.

Enfin on remarquera avec étonnement que les 100 kilog. de feuille ramassée sont revenus à plus de 17 francs.

§ IX.

ÉDUCATION A PARTAGE DE FRUITS.

Lorsque le magnanier entreprend l'éducation à partage de fruits, il se charge de tout, excepté le local, les tables et la feuille, qui sont fournis par le propriétaire; il conserve pour son compte les dépenses suivantes :

	fr.	c.
Cueillette de la feuille..................	10 fr.	80 c.
OEufs..............................	8	»
Rameaux............................	3	»
Personnel...........................	15	»
Chauffage (payé par la litière)...........	»	»
	36	80

Produits.

Il arrive souvent que ces éducations donnent de

meilleurs produits que les autres, par la raison toute simple que le magnanier n'économise pas la feuille comme il le fait dans le système de la feuille achetée.

En général, le magnanier partage les cocons avec le propriétaire, et, dans ce cas, les œufs sont fournis par celui-ci; mais dans les Cévennes, à Alais, à Ganges, le propriétaire se réserve les trois cinquièmes ou les deux tiers du produit.

Supposons que l'éducation a donné 62 kilog. de cocons, soit 1 quintal et demi, poids de table, pour 28 quintaux de feuille : le magnanier abandonne 1 quintal de cocons au propriétaire, soit 41 kilog.; il lui en reste un demi-quintal, soit 21 kilog., qu'il vend 84 fr. Comme il a dépensé 56 f. 80 c., il a 47 fr. 20 c. de bénéfice, qui payent ses trente journées à raison de 1 fr. 75 c.

Mais, ainsi que je l'ai fait observer plus haut, ces éducations donnent, en général, plus que les autres, en sorte qu'on peut admettre que les conditions de l'éducateur sont les mêmes dans les deux cas.

Si je recherche quels auraient été les frais dans d'autres départements, je trouve les évaluations suivantes :

Drôme		40 fr.	» c.
Isère	de 30 à	32	»
Bouches-du-Rhône	de 34 à	40	»
Ardèche		40	»
Vaucluse		35	»

On voit que ces chiffres ont une grande analogie.

§ X.

GRANDES ÉDUCATIONS.

Il paraît démontré que les grandes éducations ne seront jamais assez multipliées pour jouer un rôle important dans la production : pour qu'elles réussissent, il faut que le propriétaire s'y consacre avec un zèle et un dévouement qu'on rencontre rarement chez les hommes qui jouissent d'une certaine aisance. En général, les propriétaires aiment mieux vendre leur feuille et se débarrasser ainsi de tout souci. Il me paraît donc inutile de chercher, pour le moment, quels sont les bénéfices des grands éducateurs, parce qu'ils ne sauraient influer sur le prix des cocons.

§ XI.

BÉNÉFICES DE L'ÉDUCATEUR DU MIDI.

Il résulte, des considérations précédentes, que les bénéfices des petits éducateurs du Midi, véritables producteurs de cocons, sont aussi réduits que possible, puisque ces bénéfices payent seulement, à un taux assez faible, les journées du magnanier.

On voit aussi qu'il obtient 62 kilog. de cocons pour 28 quintaux de feuille estimée, soit 872 kilog.

de feuille réelle, ce qui fait 14,2 kilog. seulement pour 1 kilog. de cocons. Il paraît difficile de faire mieux, en apparence au moins, car je pense qu'en augmentant la quantité de feuille acquise pour chaque once d'œufs, elle se trouverait amplement payée par les cocons récoltés en plus.

Quoi qu'il en soit, et en prenant les choses dans leur état actuel, nous arrivons à cette conclusion : que les bénéfices du petit producteur de cocons ne sauraient éprouver aucune réduction. Il faut donc chercher ailleurs le moyen de faire baisser le prix des cocons.

Voyons si nous trouverons quelques réductions à faire sur le prix de la feuille, qui constitue évidemment la dépense la plus forte de l'éducateur.

§ XII.

DU PRIX DE REVIENT DE LA FEUILLE.

Je crois pouvoir me dispenser d'entrer dans tous les détails de la discussion du prix de revient de la feuille du mûrier; M. de Gasparin surtout a traité cette question avec la supériorité qui distingue tout ce qui sort de sa plume.

J'envisagerai la question sous un autre point de vue. J'admets, comme base de mon raisonnement, que les propriétaires de mûriers trouvent un certain bénéfice dans cette culture : j'espère le prouver par le prix qu'ont acquis les terres plantées en mûriers dans les départements où les éducations de vers à soie sont anciennes. On ne supposera pas, sans doute, qu'on paye ce genre de propriétés à des prix exorbitants, par toute autre raison que l'espoir de tirer un intérêt raisonnable de ses capitaux.

Voici les renseignements que j'ai recueillis à ce sujet.

VALEUR *par hectare des plantations de mûriers en plein rapport.*

Ardèche............	(1)...................		10,000 fr.
Bouches-du-Rhône...	(2)		10,000
Drôme	(3)................	de 8 à	10,000
Gard..............	(4)................	de 10 à	12,000
Isère..............	(5) Terrain avec ligne de pourrettes................		5,000
	Terrain avec bordures de plein-vent,	de 7 à	8,000
	Terrain complanté en nains................		10,000
Vaucluse...........	(6)...............	de 4 à	5,000

Pour donner à ce tableau tout l'intérêt possible, il est nécessaire de le faire suivre d'un autre,

(1) MM. Menet et Durand.

(2) Il existe très-peu de terres entièrement occupées par le mûrier ; mais on peut déduire le prix indiqué ici de la valeur donnée au terrain par les bordures de mûriers. M. Eugène Robert.

(3) M. Thannaron.

(4) M. Deshons.

(5) MM. Detroyat et Dullin.

(6) M. Regnier.

dans lequel je donnerai la valeur de divers autres

TABLEAU *de la valeur de divers terrains dans le Midi.*

	TERRE labourable.	TERRE de 2e classe.	VIGNES bonnes.	PRÉS arrosables.	MURIERS en rapport.
	fr.	fr.	fr.	fr.	fr.
Ardèche..........	4,200	»	5,200	10,000	10,000
Bouches-du-Rhône.	3,000	»	de 2,500 à 3,000	10,000	10,000
Drôme...........	4,500	de 2,500 à 3,000	de 12 à 20,000	de 6 à 7,000	de 8 à 10,000
Gard............	de 4 à 5,000	de 3,000 à 3,500	4,000	de 22 à 25,000	de 10 à 12,000
Isère............	3,000	2,400	4,500	de 7 à 9,000	10,000
Id.............	4,800	»	4,800	de 7 à 8,000	de 7 à 8,000
Vaucluse.........	5,000	2,400	3,600	7,200	de 4 à 5,000
Moyennes	4,200	2,800	5,000	10,000	8,540

terrains nus ou cultivés dans les mêmes départements.

Dans le Gard et l'Hérault, les prés arrosables avec mûriers peuvent s'élever jusqu'à la valeur exorbitante de 24 à 32,000 francs!

Ce nouveau tableau offre plusieurs enseignements intéressants.

En écartant des anomalies qui tiennent à des circonstances toutes locales, nous remarquons que les prés sont l'espèce de terre qui atteint le prix le plus élevé. Nous voyons aussi que les plantations de mûrier arrivent à la même valeur.

Or, comme les prés n'exigent presque aucune culture, tandis que les mûriers en réclament une fort coûteuse, il faut en conclure que le produit brut des mûriers est infiniment plus considérable que celui des prés.

La combinaison des deux récoltes sur le même sol, prés et mûriers, donne à la terre une valeur égale à celle des deux produits réunis, pourvu que les irrigations soient faciles.

Mais, si nous examinons quelles natures de terres on a abandonnées aux prairies naturelles, et si nous les comparons à celles qui reçoivent ordinairement les mûriers, nous trouvons une différence capitale. La terre à prés a la même valeur, soit que le pré y existe, soit qu'on l'ait consacrée à toute autre culture. La terre qui reçoit les mûriers, au contraire, n'a que la moitié de la valeur qu'elle acquiert par la plantation de cet arbre précieux.

Or, si, d'une part, on reconnaît que la création d'un pré naturel n'est pas une opération très-coûteuse, de l'autre on reconnaîtra que les évaluations les plus exagérées des dépenses d'une plantation n'élèvent pas cette dépense à la valeur même du sol.

En effet, en admettant même la dépense de 10 fr. par arbre, qui est évidemment exceptionnelle, les deux cents arbres hautes tiges d'un hectare ne coûteront que 2,000 fr., et, si le sol vaut 4,200 fr., nous aurons un capital de 6,200 fr. pour une plantation dont la valeur sera de 10,000 à 12,000 fr. (1).

Si nous examinons ensuite ce qui résulte de la plantation de la vigne, nous voyons que les sols qui en sont couverts n'atteignent pas, en général, une valeur égale à celle de la terre labourable. Il est vrai que ces plantations se font ordinairement dans des terres d'une qualité médiocre et souvent impropres à toute autre culture; mais, aussi, dans combien de circonstances ces terres n'auraient-elles pas pu recevoir des mûriers? et, en suppo-

(1) Cette évaluation de 10 fr. par arbre est tellement exceptionnelle, qu'elle me permet de laisser peser sur elle les intérêts du capital jusqu'au moment des premiers produits.

sant que le produit de ceux-ci se fût trouvé beaucoup moins considérable que dans des terres, propres à la culture des céréales par exemple, n'est-il pas clair, cependant, que les mûriers auraient élevé la valeur de ces terres à un taux très-supérieur à celui qu'elles ont atteint par la plantation de la vigne?

On peut conclure de tout ceci

1° Que la culture en mûriers donne à des terres de second ordre une valeur égale à celle des terres de premier ordre;

2° Que la culture en mûriers d'un sol actuellement occupé par la vigne aurait triplé la valeur de ce sol, tandis que la vigne l'a seulement doublée;

3° Que la plantation des mûriers dans les terres labourables de première classe double au moins leur valeur, en l'élevant à celle des prés.

Ne perdons pas de vue qu'il s'agit ici du Midi.

Voyons maintenant si les propriétaires du Midi entendent bien leurs intérêts, quand ils achètent des plantations toutes faites aux prix que j'ai donnés.

Nous avons vu que la valeur moyenne des plantations de mûriers était de 9,000 fr. environ.

En admettant que le propriétaire du Midi se contente d'un revenu net de 3 pour 100, c'est une somme de 270 fr. qu'il faudrait obtenir, tous frais faits, de la feuille des mûriers.

Cette somme de 270 fr. représente 2,250 kilogrammes de feuille à 12 fr. les 100 kilogrammes.

Cette quantité de feuille suffit pour nourrir les vers de 75 grammes environ d'œufs ou 3 onces du Midi.

Mais il est de notoriété publique qu'un hectare de mûriers nourrit au moins les vers de 6 onces d'œufs, soit 150 grammes.

C'est donc une somme brute de 540 fr. que recevra le propriétaire de mûriers. M. de Gasparin porte à 120 fr. les frais de culture : il resterait 420 fr. nets pour le propriétaire, ou un intérêt de 4 et demi pour 100 au moins.

Mais quels sont les propriétaires du Centre et du Nord qui obtiennent un pareil revenu de leurs cultures les plus productives? C'est à peine si on le rencontrerait dans les vignobles de première qualité de la Côte-d'Or et de Saône-et-Loire, et il faudrait tenir compte à ces derniers des éventualités de la vigne, bien plus redoutables que celles du mûrier. Quand la vigne gèle, le propriétaire partage la perte avec son vigneron; mais, quand le mûrier éprouve un malheur semblable, c'est l'éducateur ou acheteur de feuille *seul* qui supporte le dommage, parce qu'il achète avant toute végétation et s'engage à courir les chances de la récolte, bonne ou mauvaise. La position du propriétaire du mûrier dans le Midi paraît donc excellente, et l'on est sans doute dispensé de le prouver en face des frais considérables qu'on voit faire aux cultivateurs pour la plantation de quelques arbres, dans des sols d'une ingratitude extraordinaire. On assure que, souvent, les arbres d'une plantation ne reviennent pas à moins de 20 fr. chaque, tous frais faits! Je ne crois pas cette évaluation exagérée dans certaines circonstances où le planteur crée pour ainsi dire le sol lui-même, par des travaux extrêmement coûteux (1).

Mais il faut aussi tenir compte au propriétaire du Midi d'une condition qu'on perd souvent de vue dans les acquisitions, c'est la durée des plantations. Or il est clair que, le jour où une plantation périt et doit être renouvelée, le propriétaire voit disparaître une bonne partie de son capital. Il doit donc trouver, outre l'intérêt de ses fonds, un amortissement qui compense les pertes dont il sera frappé tôt ou tard. L'intérêt de 4 et demi pour 100 paraît remplir cette condition, puisqu'on peut bien évaluer à vingt ans, en moyenne, l'espace de temps pendant lequel une plantation est en plein rapport.

Il résulte de toutes ces considérations que le propriétaire de mûriers dans le Midi se trouve placé dans des conditions ordinaires, et qu'il ne pourrait pas, sans compromettre ses intérêts légi-

---

(1) On appelle, dans les Cévennes, *réparations* le défrichement d'une pente infertile mise en culture de mûriers au moyen d'une série de terrasses soutenues par des murailles en pierres sèches.

times, faire sur le prix de la feuille une réduction *assez importante* pour influer sur le prix des cocons.

Faut-il en conclure que ce prix se maintiendra toujours au taux actuel? Non, sans doute; et nous pourrons, j'espère, indiquer les moyens de le réduire; mais il est nécessaire d'examiner auparavant dans quelles conditions se trouvent les producteurs du centre de la France.

§ XIII.

DE LA PRODUCTION DE LA SOIE DANS LE CENTRE DE LA FRANCE.

Éducateurs.

La question de savoir si les éducations sont possibles dans le centre de la France est évidemment résolue par les faits. Il reste à examiner si ces éducations sont fructueuses, et quelle position elles donnent à ceux qui les entreprennent.

Nous avons vu que les producteurs du Midi n'obtiennent, en général, que des résultats ordinaires, c'est-à-dire qui les placent dans les conditions générales des travailleurs.

Nous avons vu aussi que le prix élevé de la feuille était l'obstacle véritable à la réduction du prix des cocons.

Il serait difficile d'établir des points de comparaison entre les prix marchands de la feuille du

Midi et celle du Centre, parce que, en général, les propriétaires de mûriers du Centre sont en même temps éducateurs, et qu'il ne s'établit pas un cours régulier pour le prix de la feuille.

Cependant, si je suis bien informé, la feuille se vend, en Touraine, par sachées de 20 à 22 kilogrammes, au prix de 2 fr. à 2 fr. 50 cent. Il en résulte que les 100 kilogrammes vaudraient environ 12 fr. : c'est 4 fr. de moins que dans les Cévennes (1).

Le magnanier du Centre aurait donc les dépenses suivantes à faire :

	fr.	c.
872 kilogrammes de feuille à 12 fr........	105	»
Cueillette..................................	10	80
OEufs.......................................	8	»
Location des planches ou mannes.........	6	»
Rameaux....................................	3	»
Personnel..................................	15	»
Chauffage (payé par la litière)............	»	»
Total de la dépense.........	147	80

Si le magnanier du Centre obtient 62 kilogr.

---

(1) M. O. Leclerc-Thoüin, dans sa remarquable statistique agricole de Maine-et-Loire, dit que les mûriers portant 50 kilogrammes de feuille environ se vendent de 1 fr. 50 c. à 2 fr. Les 50 kilogrammes de *feuille brute* ne représentent guère que 30 kilogrammes de feuille du Midi. Le prix de la feuille en Anjou s'élèverait donc pour le moment à 6 fr. 50 c. seulement.

de cocons comme celui du Midi, ses trente journées se trouveront payées à raison de 3 fr. 36 c.

Mais il est évident qu'il se présente ici une différence importante dans la cueillette de la feuille.

Dans les Cévennes, la cueillette de la feuille nécessaire à l'éducation des vers de 50 grammes d'œufs coûte 10 fr. 80 cent. Pour 872 kilogr., c'est bien 1 fr. 25 cent. par 100 kilogr. de feuille.

On ne peut pas espérer faire cueillir la feuille au même prix en Touraine, surtout en raison de la nature des mûriers : cette dépense doit bien s'élever à 2 fr. 50 cent. les 100 kilogrammes.

La journée du magnanier sera donc payée à raison de 3 francs. Nous avons vu que celle du petit éducateur des Cévennes ne pouvait guère s'élever au-dessus de 2 fr. 20 cent. (1).

Il y aurait donc un avantage bien réel pour l'éducateur du Centre qui, dans l'état actuel des choses, vendrait ses cocons au même prix que l'éducateur du Midi.

Malheureusement il n'en est pas ainsi. L'éducateur du Centre file lui-même sa récolte, et la mauvaise qualité des soies qu'il obtient lui fait perdre une grande partie de ses avantages. Cela est facile à prouver.

---

(1) L'éducateur de la Drôme, qui paye 120 fr. la feuille nécessaire pour les vers de 50 grammes d'œufs, peut aussi élever à 2 fr. 80 c. le prix de ses journées.

La filature d'un kilogramme de soie, en Touraine, coûte 12 fr. On emploie 12 kilogr. de cocons d'une valeur de 48 fr.; c'est donc une dépense de 60 fr. pour obtenir 1 kilogr. de soie, qui se vend, en moyenne, 50 fr. La perte est de 10 fr. par chaque 12 kilogr. de cocons.

En d'autres termes, les cocons ne seront plus payés que 3 fr. 16 cent. le kilogr., et la journée du magnanier est réduite à 1 fr. 23 cent.

Tel est le résultat de l'absence de filatures bien organisées. Ce fâcheux état de choses a déjà frappé de bons esprits, et l'on s'occupe activement d'y remédier. Des filatures centrales et même des filatures particulières, fondées sur les meilleurs procédés, s'organisent dans plusieurs villes du Centre.

Il s'agit d'examiner maintenant quelle est la position des producteurs de feuille dans le Centre.

§ XIV.

VALEUR DES PLANTATIONS DE MURIERS DANS LE CENTRE.

J'ai vainement cherché à recueillir des renseignements sur la valeur actuelle des plantations de mûriers dans le centre de la France; je devais m'attendre à ce résultat. Les plantations sont encore en trop petit nombre pour avoir une valeur connue. Il faut donc étudier la question sous un autre point de vue.

§ XV.

VALEUR DES TERRES DANS LE CENTRE.

Nous avons vu plus haut quelle était, dans le Midi, la valeur des terres qui reçoivent ordinairement des mûriers ; examinons quel sera le prix de celles qu'on peut consacrer à cet usage dans le centre de la France.

TABLEAU *de la valeur des terres dans quelques départements du centre*

	TERRES LABOURABLES.		TERRES à plantations.	PRES arrosables.
	1re classe, froments.	2e classe, seigles et plantations.		
Aveyron	1,000	800	800	2,400
Haute-Garonne	3,000	2,500	de 600 à 700	de 4,000 à 5,000
Indre	1,200	1,000	1,000	de 3,000 à 4,000
Landes	de 800 à 1,200	de 600 à 700	de 30 à 40	de 1,000 à 2,000
Idem	»	»	de 200 à 300	»
Maine-et-Loire	1,700	1,200	700	de 2,000 à 3,000
Saône-et-Loire	2,000	1,300	1,300	de 3,000 à 3,750
Vienne	3,000	2,000	1,000	de 3,000 à 4,000

On remarquera que j'ai compris dans ce tableau

deux départements du Midi : la Haute-Garonne et l'Aveyron. Je l'ai fait, parce qu'il est intéressant de voir dans quelles conditions se trouveront placés ces départements, où l'industrie de la soie ne fait que naître.

Si nous cherchons à établir des comparaisons entre les moyennes de ce tableau et celles que nous a fournies le tableau analogue dressé pour le Midi, nous arriverons aux résultats suivants :

Terres labourables de 1re classe.

Midi...... 4,220 fr. Centre.... 1,850 fr.

Terres labourables de 2e classe.

Midi...... 3,000 fr. Centre.... 1,300 fr.

Terres à plantations.

Midi...... 2,500 fr. Centre.... 800 fr.

Prés.

Midi. de 7 à 10,000 fr. Centre.... 3,000 fr.

Mûriers.

Midi. de 5 à 12,000 fr. l'hectare.

Ainsi donc il y a, en général, une différence de moitié au moins dans la valeur des terres labourables du Midi et du Centre.

La différence en faveur du Centre est plus considérable encore pour les terres à plantations et pour les prés.

On voit que le Centre pourrait consacrer aux plantations ses terres de première qualité et même les prés, et qu'il se trouverait encore dans des conditions plus favorables que le Midi.

Si nous supposons que la plantation en mûriers double le capital de la terre, nous aurons les résultats suivants :

Dans les terres labourables de 1re classe.			
Midi......	8,400 fr.	Centre....	3,900 fr
Dans les terres de 2e classe.			
Midi......	6,900 fr.	Centre....	2,600 fr.
Dans les terres à plantations.			
Midi......	5,000 fr.	Centre....	1,600 fr.
Moyenne......	6,466 fr.	Moyenne.....	2,700 fr.

Ainsi donc, ce qui coûtera 6,466 fr. dans le Midi ne coûtera que 2,700 fr. dans le Centre, c'est-à-dire moins de la moitié.

Nous pouvons encore examiner la question sous un autre point de vue, et admettre que la dépense à faire pour l'établissement de la plantation sera la même dans le Centre et dans le Midi.

Je suppose donc qu'on occupe le sol avec 200 mûriers hautes tiges revenant chacun à 5 fr. tout planté, ou bien encore 1,000 mûriers nains à 2 fr., comprenant dans ces évaluations toutes les dépenses quelconques, jusqu'au moment du produit.

Nous aurons pour les premiers, c'est-à-dire les hautes tiges,

Midi.	Centre.
5,200	2,850
4,000	2,300
3,500	1,800
Moyenne. 4,230	Moyenne. 2,313

Mûriers nains.

Midi.	Centre.
6,200	3,850
5,000	3,300
4,500	2,800
Moyenne.. 5,230	Moyenne.. 3,313

On voit que, dans ces deux suppositions, le Centre conservera encore un avantage considérable; mais il est incontestable que les plantations du midi coûtent beaucoup plus que celles du Centre, non-seulement à cause du prix de la main-d'œuvre, qui est plus élevé, mais encore en raison des travaux de préparation, qui sont incomparablement plus coûteux par suite de la nature du sol.

Nous pouvons donc admettre, comme une chose démontrée, que les plantations de mûriers du Midi coûtent le double de celles du Centre. Il en résulte que, à produit égal, les propriétaires du Centre pourraient donner leur feuille à moitié prix, c'est-à-dire à raison de 6 fr. les 100 kilog., au lieu de

12 fr. qu'elle coûte dans le Midi (1). Il est facile de comprendre quelle énorme différence il en résulterait pour l'éducateur.

Mais il faut prouver que les mûriers du Centre donneront un produit égal à ceux du Midi, tout étant égal d'ailleurs, c'est-à-dire à qualité égale de terre. On remarquera cependant qu'en consacrant dans le Centre, aux plantations de mûriers, les terres de première qualité, on se trouverait à peine dans les mêmes conditions financières du Midi, employant à cet usage des terrains de qualité très-inférieure; d'où l'on peut conclure que les produits seraient au moins les mêmes.

M. de Gasparin admet que les produits des mûriers, à Paris et à Orange, sont dans le rapport de 46 à 70, c'est-à-dire sont inférieurs de 33 p. 100 environ. Or nous n'avons pas fait entrer Paris et son climat dans nos calculs, mais bien le centre de la France, limité au nord par la Loire, la Côte-d'Or et les Vosges. Il est permis de supposer que ces régions, qui admettent la culture rationnelle de la vigne et celle du maïs, ont un avantage réel sur celles du Nord, et que la différence dans les produits des mûriers sera à peine de 25 p. 100.

Or, si nous trouvons un avantage de 50 p. 100

(1) Dans ce moment même, 25 mai 1843, la feuille se vend 12 fr. les 100 kilogrammes dans l'Ardèche, la Drôme et le Gard. (*Mai* 1843)

sur le capital, et un déficit de 25 p. 100 sur le produit, nous arrivons à cette conclusion, que les producteurs de feuille du Centre pourront la donner à 25 p. 100 meilleur marché que ceux du Midi, ce qui est un avantage énorme pour les éducateurs.

J'ai admis, dans tous ces calculs, que les frais d'établissement seraient les mêmes dans le Midi et dans le Centre; mais il est évident qu'il n'en est pas ainsi : quelques comparaisons sur le prix de la main-d'œuvre l'auront bientôt démontré.

Prix de la main-d'œuvre.

Midi.		
Haute-Garonne	1 fr.	25 c.
Bouches-du-Rhône	1	50
Drôme	1	50
Isère	1	50
Hérault	1	50
Ardèche	1	50
Vaucluse	1	50
Moyenne	1,464	
Centre.		
Aveyron (1)	1 fr.	» c.
Landes	1	»
Maine-et-Loire	1	»
Vienne	1	»
Indre	1	»
Indre-et-Loire	1	25
Saône-et-Loire	1	50
Moyenne	1,107	

(1) J'ai porté l'Aveyron dans les départements du centre,

Ce tableau nous fait voir que, dans le Midi, la main-d'œuvre coûte environ 33 p. 100 de plus que dans le Centre; il en résulte un avantage considérable pour celui-ci, car cette différence porte également sur les premiers frais d'établissement et sur les frais annuels d'entretien.

M. de Gasparin évalue à 120 fr. par an les frais d'entretien d'un hectare de mûriers dans le Midi; on peut, sans hésiter, réduire cette dépense à 90 fr. pour le Centre; c'est une économie de 30 fr. par hectare, qui augmente le revenu de 1 p. 100 au moins.

Mais, si nous prenions pour point de comparaison la valeur vénale actuelle des plantations de mûriers dans le Midi, nous arriverions à cette autre conclusion, que les propriétaires du Centre peuvent donner la feuille à un prix qui ne serait que le tiers de celui auquel on la vend dans le Midi, c'est-à-dire 4 fr. au lieu de 12 fr.

Il n'y a donc rien d'exagéré à supposer que la différence sera de 33 p. 100, et nous arrivons, par une autre voie, au résultat déjà obtenu, savoir : que l'éducateur du Midi recevra 2 fr. 20 c. par jour, et celui du Centre 3 fr. 36 c. Il en résulte que ce

---

ainsi que les Landes, parce qu'ils ont beaucoup d'analogie avec eux, sous différents rapports, et parce que l'industrie de la soie ne fait que d'y naître.

dernier pourra donner les cocons au prix de 2 fr. 70 c. au lieu de 4 fr., lorsque les différentes branches de l'industrie de la soie auront fait autour de lui les mêmes progrès que dans le midi de la France.

Supposons que ce prix soit réduit de 25 p. 100 seulement; les filateurs, ayant les cocons à 3 fr., pouront baisser de 12 fr. le prix des soies, et les gréges, qui se vendent aujourd'hui 60 fr., n'en vaudront plus que 48.

Si les choses étaient arrivées à ce point, nous n'aurions plus rien à craindre de la concurrence étrangère.

§ XVI.

RÉSUMÉ.

La France, qui produit aujourd'hui les soies les plus parfaites, est menacée, dans son industrie, par la concurrence qui s'élève de toutes parts.

Elle doit faire de grands efforts pour obtenir à des prix inférieurs la matière première qu'emploient ses fabriques de soieries.

L'amélioration de ces prix dépend des progrès que feront les différentes branches de l'art.

Dans l'état actuel des choses, le filateur n'a que des bénéfices raisonnables et peu susceptibles de réduction; mais il dépend de lui de changer les conditions de son industrie, par l'introduction de procédés qui convertiront en soie marchande les énormes déchets qui résultent des pratiques actuelles. Il faut réduire de 10 p. 100 la proportion des frisons (1).

La seconde amélioration vers laquelle il faut tendre est la réduction du prix des cocons.

Avec les mêmes arbres, les mêmes locaux et les mêmes frais, les éducateurs du Midi peuvent produire 20 p. 100 de plus en cocons ; les maladies n'enlèvent pas moins que cette proportion sur les vers pour lesquels toutes les dépenses ont été faites (2).

Que ces éducateurs soient dociles aux conseils des hommes éclairés qui leur enseignent, par leur exemple, leurs discours et leurs écrits, les principes rationnels de l'art qui les fait vivre; qu'ils écoutent MM. d'Arbalestier, Anthelme, de Bleizac, A. Carrier, de Cordoue, de Bézieux, Deshons, Détroyat, du Contant, Dulin, Fraissinet, Gaudibert-Barret, Guémard, Huc, Marcellin, Michel, Moreau, Paradan, Planel, Puvis, Quénin, de Retz, Ricard, Eug. Robert, Rolland, Sans, Sautel, Thannaron, Viennois, de Voisins-Lavernière, etc., etc.; qu'ils méditent Boissier de Sauvages, Aymar, Dandolo, Bassi, Bonafous, Loiseleur-Deslongchamps, d'Arcet, de Gasparin, et bientôt ils trouveront dans des

(1) Voir ma brochure sur le *battage* des cocons.

(2) Voir mon ouvrage sur la *muscardine*.

produits certains et abondants des bénéfices qui les mettront bien au-dessus de leurs rivaux.

Les propriétaires de mûriers ont aussi des efforts à faire; ils peuvent augmenter leurs plantations avec des capitaux beaucoup moins considérables que ceux qu'ils emploieraient à l'achat de plantations toutes faites : il en résultera pour eux une moyenne qui leur permettra de faire des concessions importantes aux éducateurs qui achètent leur feuille ; tout le monde s'en trouvera bien.

Que les propriétaires s'attachent surtout à perfectionner la taille du mûrier; il y a là de quoi doubler peut-être les récoltes. Je ne serais point embarrassé pour citer des propriétaires qui ont obtenu des résultats de cette importance; il faut les imiter. MM. Jaubert de Passa, Boyer, Audibert, Reynier, Aug. de Gasparin, Aubert, Hugues, Bonhomme-Tréville, de Lirac, Sénéclause, Jacquemet, Destrin, Feugier, etc., leur donnent l'exemple et le précepte.

Quant au centre de la France, qui s'efforce d'entrer dans cette carrière féconde, il est dans la bonne voie, car il n'a rien à réformer : ce sont les procédés les plus perfectionnés qu'on lui présente. Le Centre débute avec un avantage de 30 p. 100 sur les anciens producteurs; mais qu'il se pénètre bien, cependant, d'un principe inflexible, *c'est que, pour faire une chose avec succès, il faut avoir appris à la faire.*

L'industrie de l'éducateur des vers à soie n'est

pas très-compliquée; cependant il faut se familiariser avec elle. Qui s'aviserait d'aller chercher un cordonnier pour faire des sabots?

Apprenons donc l'art d'élever les vers à soie avant de nous faire éducateurs; car, alors même que nous aurons fait les études nécessaires, il nous restera encore beaucoup à apprendre dans la pratique.

Une chose était indispensable pour l'introduction définitive de l'industrie de la soie dans le Centre; c'était la création de filatures pouvant se charger d'acheter les cocons. Ces filatures existent déjà ou sont en voie d'exécution, et j'apprends avec une vive satisfaction que les producteurs du Centre montrent un grand empressement à leur livrer leurs cocons. Le problème me paraît donc résolu sous tous les rapports.

La France n'a plus rien à redouter de l'Italie, du Piémont, de l'Orient et de l'Asie; elle trouve dans le progrès des ressources inépuisables; elle ne sera pas vaincue.

TABLE.

Extrait des *Mémoires de la Société royale et centrale d'Agriculture*. — Année 1843.

Imprimerie de Mme Ve BOUCHARD-HUZARD, rue de l'Éperon, 7.

www.ingramcontent.com/pod-product-compliance
Lightning Source LLC
LaVergne TN
LVHW010004230826
846092LV00002B/635